Precious Appreciation

行家宝鉴

寿山石之芙蓉石

王一帆 著

 海峡出版发行集团
THE STRAITS PUBLISHING & DISTRIBUTING GROUP

福建美术出版社
FUJIAN FINE ARTS PUBLISHING HOUSE

图书在版编目（CIP）数据

寿山石之芙蓉石 / 王一帆著 . -- 福州 : 福建美术出版社 , 2015.1

（行家宝鉴）

ISBN 978-7-5393-3293-2

Ⅰ . ①寿… Ⅱ . ①王… Ⅲ . ①寿山石 - 鉴赏②寿山石 - 收藏

Ⅳ . ① TS933.21 ② G894

中国版本图书馆 CIP 数据核字 (2015) 第 008177 号

作　　者：王一帆

责任编辑：郑婧

寿山石之芙蓉石

出版发行：海峡出版发行集团

　　　　　福建美术出版社

社　　址：福州市东水路 76 号 16 层

邮　　编：350001

网　　址：http://www.fjmscbs.com

服务热线：0591-87620820（发行部）　 87533718（总编办）

经　　销：福建新华发行集团有限责任公司

印　　刷：福州万紫千红印刷有限公司

开　　本：787 毫米 ×1092 毫米　　1/16

印　　张：6

版　　次：2015 年 8 月第 1 版第 1 次印刷

书　　号：SBN 978-7-5393-3293-2

定　　价：58.00 元

编者的话

　　这是一套有趣的丛书。翻开书，丰富的专业知识让您即刻爱上收藏；寥寥数语，让您顿悟收藏诀窍。那些收藏行业不能说的秘密，尽在于此。

　　我国自古以来便钟爱收藏，上至达官显贵，下至平民百姓，在衣食无忧之余，皆将收藏当作怡情养性之趣。娇艳欲滴的翡翠、精工细作的木雕、天生丽质的寿山石、晶莹奇巧的琥珀、神圣高洁的佛珠……这些藏品无一不包含着博大精深的文化，值得我们去了解、探寻和研究。

　　本丛书是一套为广大藏友精心策划与编辑的普及类收藏读物，除了各种收藏门类的基础知识，更有您所关心的市场状况、价值评估、藏品分类与鉴别以及买卖投资的实战经验等内容。

　　喜爱收藏的您也许还在为藏品的真伪忐忑不安，为藏品的价值暗自揣测；又或许您想要更多地了解收藏的历史渊源，探秘收藏的趣闻轶事，希望这套书能够给您满意的答案。

Precious　Appreciation

行家宝鉴

寿山石之芙蓉石

目录

寿山石选购指南

　　寿山石的品种琳琅满目，大约有100多种，石之名称也丰富多彩，有的以产地命名，有的以坑洞命名，也有的按石质、色相命名。依传统习惯，一般将寿山石分为田坑、水坑、山坑三大类。

　　寿山石品类多，各时期产石亦有所不同，对于其品种之鉴别，须极有细心与耐心，而且要长期多观察与积累经验。广博其见闻，比较分析其肌理、石性等特质。比如，同样是白色透明石，含红色点的称"桃花冻"，而它又有水坑与山坑之别，其红点之色泽、粗细、疏密与石性之变化又各有不同，极其微妙。恰恰是这种微妙给人带来乐趣，让众多爱石者痴迷。

　　正因为寿山石品类多，变化大，所以石种品类的优劣悬殊也大，其价值也有天壤之别。因此对于品种及石质之辨别极为重要。

石 性	质 地	色 彩	奇 特	品 相
识别寿山石的优劣、价值，不外石性、质地、色泽、品相、奇特等方面。有人说，寿山石像红酒，也讲出产年份。一般来讲，老坑石石性稳定，即使不保养，它也不会有像新性石因水分蒸发而发干并出现格裂的现象，所以老性石的价格比新性石高。	细腻温嫩、通灵少格、纯净有光泽者为上。	以鲜艳夺目、华丽动人者为上，单色的以纯净为佳。	纹理天然多变，以奇异为妙。	石材厚度宜适中，切忌太厚，以少格裂为好。

　　当然，每个人在收集、购买寿山石时，都会带有自己的想法和选择：有的单纯是为了观赏，有的是为了保值增值而做的投资，有的甚至只为了满足猎奇的心理，或者兼而有之，各人都有自己的道理。但购买时要懂得一些寿山石的常识，不要人云亦云、跟风或者贪图小便宜。世上没有无缘无故的便宜货，天上不会掉下馅饼，卖家总是心知肚明，买家需要的则是眼力。如果什么都不懂就胡乱购买一通，那就可能如人说的"一买就受伤，当个冤大头"。

　　寿山石是不可再生资源，随着时间的推移，一定会越来越珍贵。所以每个爱石者若以自己个人的爱好和经济能力收藏寿山石，一定是件愉悦的事，既可以带来美的享受，又能有只升不跌的受益，何乐而不为呢！

持经观音 · 王祖光 作
芙蓉石

伏虎罗汉·周尚均 作
芙蓉石

出水芙蓉· 冯伟 作

红白芙蓉石

万象更新 · 潘惊石 作
芙蓉石

三酸图·许永祥 作
红黄芙蓉石

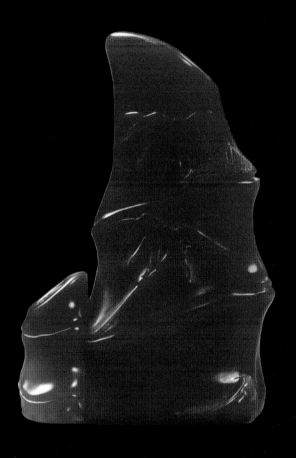

如日中天·逸凡 作
红芙蓉石

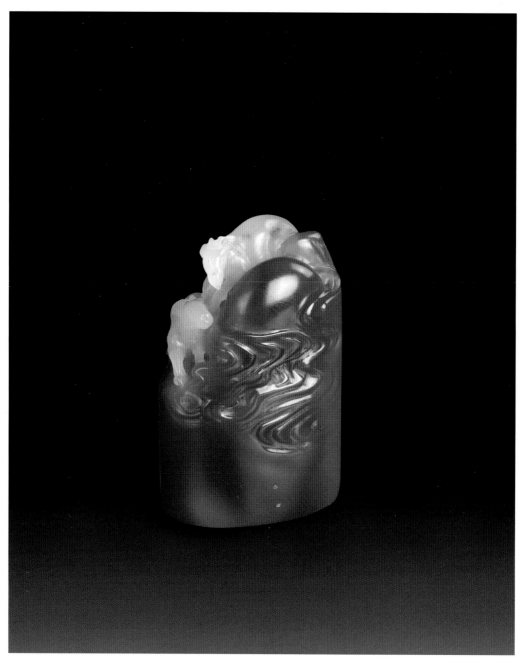

喜气洋洋 · 逸凡 作
蜡烛红芙蓉石

第一节

芙蓉石

　　芙蓉石产于寿山村东南面约八公里的月洋加良山矿脉，因石色犹如初开之木芙蓉花而得名。芙蓉石天生丽质、细腻脂润，多数微透明，石质"似玉非玉"，十分可人。清·郭柏苍《闽产录异》说："（芙蓉石）似白玉而纯粹，玉不受刀，逊于芙蓉矣"。陈亮伯《说印》认为"马之似鹿者，贵也，真鹿则不贵矣。印石之似玉者，佳也，真玉则不佳矣"。《闽中撮闻》亦载："今田坑既尽，石皆出自芙蓉。然而芙蓉洞无岩，山岩不出石。只有芙蓉本山出产，但它比田黄差，略与于阗白玉相似，但比纯粹的白玉不受刀，因而逊于芙蓉，其贵可想。"古人珍爱芙蓉石，就是因为其"似玉而非玉"的质感迎合了文人高尚不俗的审美情趣。所以早在明清之前，芙蓉石即闻名于世，闽谚有："一田，二冻，三芙蓉"之说，可见芙蓉为世人所重，因此被推为"中国三大印石"之一，与田黄石齐名。田黄石被尊为"石中帝王"，芙蓉石则被封为"石中之后"。石帝与石后一道作为贡品进入宫廷为皇家御用，如清慈禧太后晚年常用的御用寿玺"慈禧御宝"就是用芙蓉石刻制的。

第二节

芙蓉石的矿区与开采

据地质勘探，芙蓉石矿脉呈螺旋柱状，金字塔形。矿区储藏量大，以加良山主峰上半部出产的芙蓉石质地最佳，至半山腰所出之石次之，山峰东边所出之石质地渐粗，为大面积的峨眉石露天开采矿区。峨眉石与芙蓉石同属叶腊石类，但石质较芙蓉石相差甚远，只有质细者用于雕刻，其它多作为耐火砖和陶瓷的上等原料。

芙蓉石的开采有很长的历史，始于何时，早年没有凿切的记载。一说，在明末清初时有江西人到加良山采药，脚踩岩石，发现石色夺目，喜出望外，认为是藏宝之地，于是采用"乌硝"引爆，从山顶峰向下开洞取石，后人称之为"天目洞"，此为最早开采之洞；一说，清康熙年间，明将耿精忠扣押闽督范承谟于福州，自称"总统兵马大将军"，两年后兵败降清，在其统治福建期间，凭借权势，占据加良山，为其采石，遂有"将军洞"之名行世。前几年开洞人在半山腰造一座小坛，供将军神位。

加良山芙蓉洞

出产自加良山的芙蓉石，与出产于寿山的高山石等同属山坑类。但寿山以高山为主的矿脉是线状、环状断裂综合控制下形成的，其构成以地开石为主，而月洋加良山的矿脉是火山岩浆喷溢后地下变空，叶腊石呈带状与熔岩充填形成，所以石中交错着许多柱状岩砂。芙蓉石的主要成分是叶腊石，属典型的叶腊石型矿石。优质的芙蓉石多与坚硬的围岩夹生，粘岩的芙蓉石石质更佳，多为结晶性，但肌理常穿插有砂块和砂线，且分布没有规律，要切成印材的和块头大的优质芙蓉石相当不易。石农往往付出了十分努力，而得到的回报只有一点点，常常得不偿失，所以一直以来加良山不似寿山村的开采力度大，时断时续。这也是早年芙蓉石产量较少的原因之一。

1917年，矿务工作者梁津首次入山考察编写了《闽侯县寿山及月洋冻石矿》一文；1937年福建省建设厅矿业事务所技术员李歧山，再次深入月洋等矿区勘察，提交了《闽侯县月洋等地印章石矿洞调查报告及开采计划》，对月洋、峨眉、芙蓉三矿区的地质、矿量作详尽介绍，引起了人们的注意。

但因当时时局动乱，矿区又远离村庄，石农无心开采，出石很少。抗日战争时期，福州沦陷，据说日本人曾经绘制寿山石矿区图并开采芙蓉洞，此后芙蓉洞一直呈沉寂状态。由于没有出石，遗留于民间的芙蓉石价格飞涨，许多收藏家为求购到一方旧芙蓉石印章，出高价多方寻觅。

1971年，当时的宦溪公社开办了采石付业队（后改为公社矿石场），有专业采石工三五十人，主要开采峨眉耐火石料，年产量达一千余吨，而可供雕刻的用石不足五十吨，不但量少，且石质细松容易开裂，佳石不多。1975年矿石场选派林则坑负责，由加良山主峰"天目洞"下方掘入，由于打井式开采难度大，排石渣取石困难，所以成效不大。

1979年，大洋村池宝金等人自发合力开采"将军洞"芙蓉石，在"天目峰"半腰，平线开采，出了一批色泽有油坂白、藕尖白、羊脂白、蜡烛红、糖精黄、五彩等芙蓉佳石。其后掀起了采矿的热潮，石农蜂拥而入，争相开采。1989年，出了一批新芙蓉石，晶冻质地、色泽斑斓，红、黄、白、绿、青、蓝、紫七彩皆有，通灵如脂，红的娇艳，黄的亮澄，白的凝脂，其石品质、色泽都堪推历年之首，一时间轰动业界，吸引海内外好石者云集。当时，台湾艺文金石鼎盛，印材需求特甚，寿山石中之芙蓉石因石质凝结、受刀手感好而特别受钟爱。许多人慕名专程前来采购，芙蓉石一时"洛阳纸贵"、身价百倍，成为黑马。每天交易之人云集，谈石论价，热闹非凡。台湾印石收藏协会名誉会长卢钟雄先生对芙蓉石更是情有独钟，收藏的芙蓉石达数千方。因台湾同胞热爱寿山石，涌入了大量资金购买，不仅为寿山石的繁荣发展做出了贡献，还增进了海峡两岸的民间交流，实现了双赢。

第三节

芙蓉石的种类

芙蓉石的种类很丰富，可以按矿洞的名称与位置、石材的色泽与质地进行分类。

按矿洞的名称与位置可分为：

将军洞芙蓉石、上洞芙蓉石、夹板芙蓉石、半山芙蓉石、花羊洞芙蓉石等。

上洞芙蓉石：

又名"天面洞"或"天目洞"，位于"将军洞"附近，石质略逊于"将军洞"所产。有白、红、黄等色，但色较灰暗，白者多不纯洁。

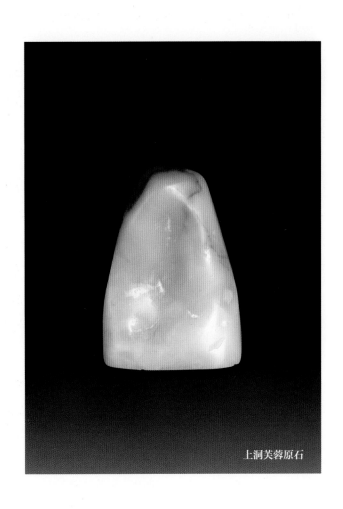

上洞芙蓉原石

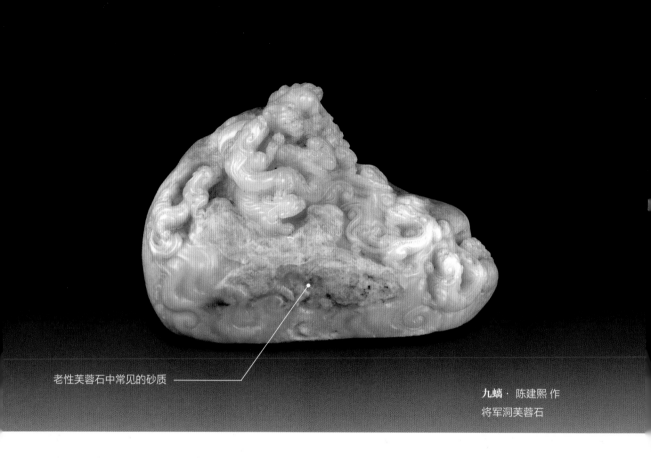

老性芙蓉石中常见的砂质 ————

九螭 · 陈建熙 作
将军洞芙蓉石

将军洞芙蓉石：

又称老坑芙蓉石。相传，清乾隆年间，加良山顶的天峰洞所出之芙蓉石质地细嫩如膏脂，且纯洁无暇、石质稳定。石色以白色居多，亦有白中带青、白中泛黄者，独具特色，为芙蓉石之极品，好石者争相求之，备受推崇、名声甚大。当年一位喜好寿山石的将军凭借权势将矿洞霸占，以后世人便称此洞所出之石为"将军洞芙蓉石"。将军洞是井式矿洞，洞很狭小，而且弯弯曲曲，古人采取"架木隧道"的方式开采，矿洞越深难度越大，也越具危险性。后坑陷于水，绝产已久，今流于世者，皆百年旧品。近年在古洞附近所采者，其质皆不及当年。

将军洞旧貌

子弥·逸凡 作
将军洞芙蓉石

秦女梦 · 林元珠（民国）作

将军洞芙蓉石

此石原是白色，经长期放置后逐渐形成包浆，变成带黄的白色，具有浓浓的古味。

背面凸起处都是砂粒

夹板芙蓉原石

夹板芙蓉石:

夹板芙蓉石是近年开采的新品种。矿洞在接近半山芙蓉石处，向天目山上方开采，洞深数百米，矿脉走向不定，忽上忽下，忽左忽右，走进矿洞一会儿上一会儿下，一会儿左一会儿右，弯弯曲曲，似蜘蛛网。若不是矿主带路，就会像走迷宫找不到出口。夹板芙蓉石的特点是石线薄、石材厚度一般在十公分左右，材较大，长度可达一、二米，宽亦可达一米，色泽多红、黄二色，色层明显，石性稍坚。红色多偏深，但砂质少，少格纹，适合作为印章材料，或刻大型高浮雕山水、游鱼等题材的作品。

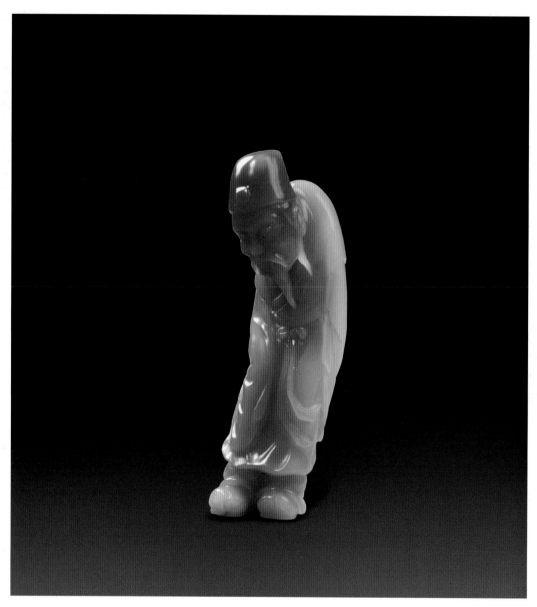

智者 · 逸凡 作
夹板芙蓉石

古兽三联章 · 欧彦恩 作

夹板芙蓉石

此组章的夹板芙蓉石特征明显——以红黄二色为主，砂质、裂格少。夹板芙蓉石的石材一般不厚，所以章体体积一般不大。

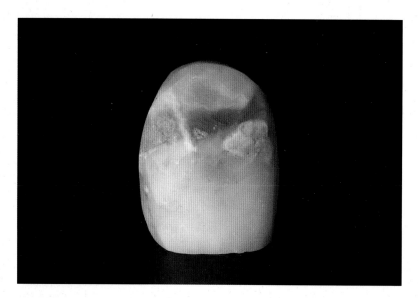

半山芙蓉原石

半山芙蓉石:

加良山半山腰所出产之石称为半山芙蓉石,有白、黄、红诸色。早年因为靠人工开采,矿洞很浅,所出之石质微坚,滋润不足,且泛有红色斑纹,润度与通灵度都逊于半山以上出产的芙蓉石,所以早年称之为"半山石",不冠以"芙蓉"两字以示区别。现在开采半山芙蓉石,经过科学的探测,对准矿脉中心直线掘进,进度很快,每个矿洞的深度都达六七百米,矿主说,如果你还是仅凭人工方法开采,一辈子也挖不了这么深的矿洞。由于深入矿脉开采,所出之石不但质地脂润,而且色泽也十分丰富艳丽,已与山峰上半部所出的芙蓉石难于分辨。因此现在已不能以过去的定义来衡量半山石了,如今大家都称之为"半山芙蓉石",只是新矿的"石线"较薄,多是片状石料。

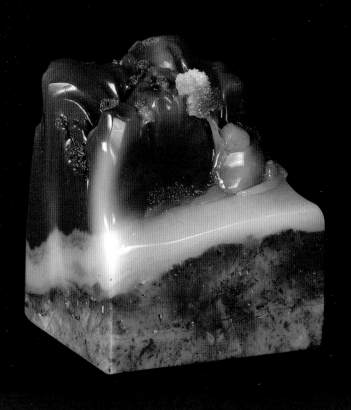

山子·佚名 作
半山芙蓉石

持经观音·古工

半山石

早年，尤其是清末民初的仙佛题材作品，所用的芙蓉石多是半山石。

观音 · 古工
半山芙蓉石

双兔钮 · 逸凡 作
半山芙蓉石

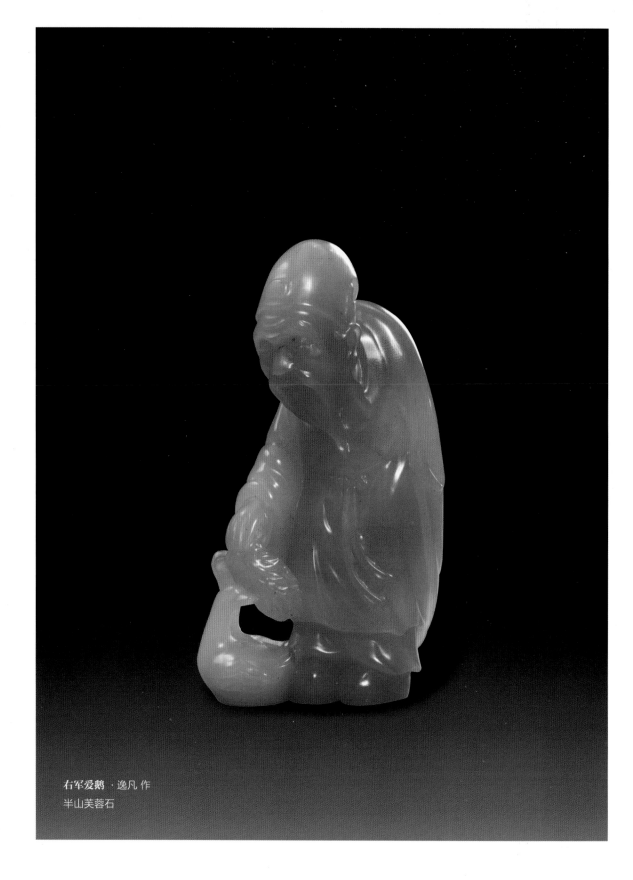

右军爱鹅 · 逸凡 作
半山芙蓉石

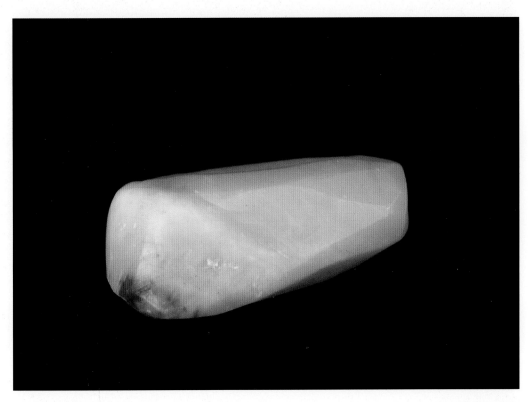

花羊洞芙蓉原石

花羊洞芙蓉石：

  花羊洞芙蓉石俗称"优质峨眉石"，其矿洞位于半山芙蓉石矿洞与峨眉石矿山之间，因而石质、石性也界于二者之间，但仍不乏细密之佳者。色泽虽然较为深沉，而红、黄、绿、白各色皆有，硬度偏坚，适于雕刻各种动物与寿山石章等。

公子王孙 · 逸凡 作
花羊洞芙蓉石

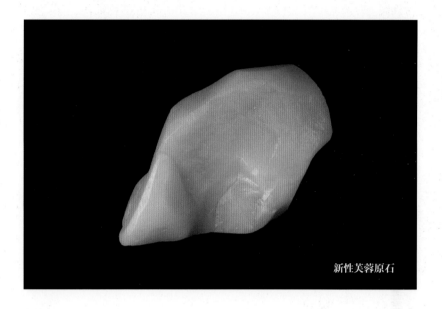

新性芙蓉原石

按出产的年代可分为:

旧芙蓉石与新芙蓉石:

人们一般将传世芙蓉石称为"旧芙蓉石",又称"老坑芙蓉石",现代出产的则称为"新芙蓉石"。新芙蓉石中又按石性分为老性与新性。老性一般指在天目山峰开采的。也有所谓"坚性"与"嫩性"之说:"坚性"又称"老性","嫩性"又称"浅性"。前者优,后者劣。前者石质细嫩、通灵、坚结、少裂格,两石相碰音如磬,且上蜡不变色,宜收藏;后者则石质比较松,多格纹,色黄者上油后会变暗。

许多玩石者都以为旧芙蓉石比新芙蓉石好,这是因为旧芙蓉石把玩已久,火气尽褪,显得温文尔雅,老道成熟,所以十分雍容稳重;而新芙蓉石总有"火气",殊不知上品芙蓉石若伴人日久,自当会与旧芙蓉石一样可人。

四君子 · 六德 作
老坑芙蓉石

孔融让梨·逸凡 作
老坑芙蓉石

三福·逸凡 作
老坑芙蓉石

鹬蚌相争·佚名 作
新性红芙蓉石

双狮戏球钮椭圆章 · 逸凡 作
新性芙蓉石

　　新性芙蓉石的红色较老性的暗且不通透，磨光后现红点，有点像高山石。老性芙蓉石的红色较鲜艳且常常带有结晶体。

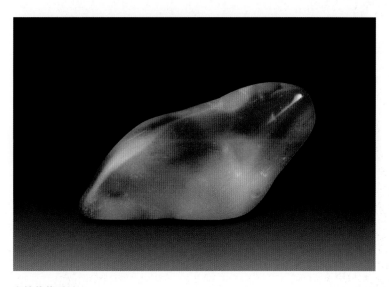

老性芙蓉原石

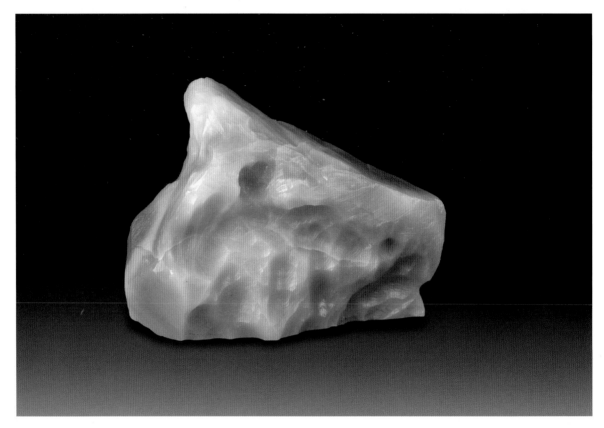

草黄芙蓉原石

草黄芙蓉石与草莫芙蓉石：

在新芙蓉石中还有俗称"草黄"芙蓉石和"草莫"芙蓉石两种。"草黄"芙蓉石质稍松，多黄色，但色深且偏赭，白中带青黄或淡绿，吃油，上油后会泛绿；"草莫"芙蓉石中黄色较淡，白则带绿色，似果实太熟，质地松软且易开裂，上油后色会变暗。

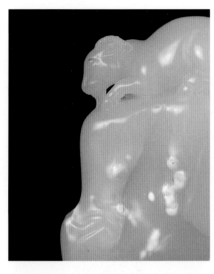

白砂

按石材的色泽与质地可分为：

白芙蓉石、黄芙蓉石、红芙蓉石、青芙蓉石、五彩芙蓉石、绿箬通芙蓉石、竹头窝芙蓉石、瓷白芙蓉石、芙蓉冻石、结晶性芙蓉石、草莫芙蓉石、草黄芙蓉石、半粗芙蓉石等。

白芙蓉石：

指纯白色的芙蓉石。石质细润雅净，有藕尖白、羊脂白、白玉白、猪油白等，其中以藕尖白最为难得、高贵。藕尖白芙蓉石质纯净、微透明，如"莫愁湖中新藕"，似琼浆初凝，极为细嫩通灵。旧时白芙蓉石在北方京城地区都习惯被称为"白寿山石"。

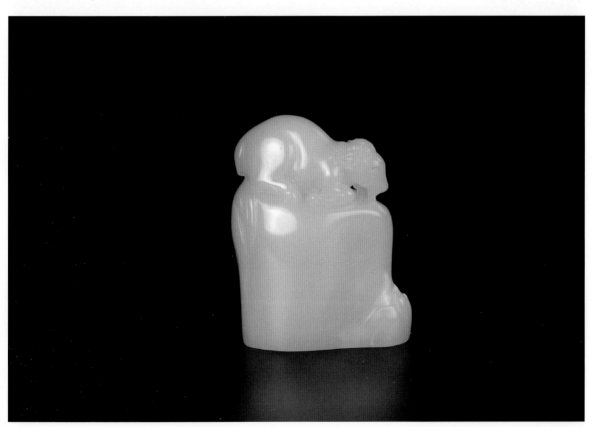

羊钮·逸凡 作
藕尖白芙蓉石

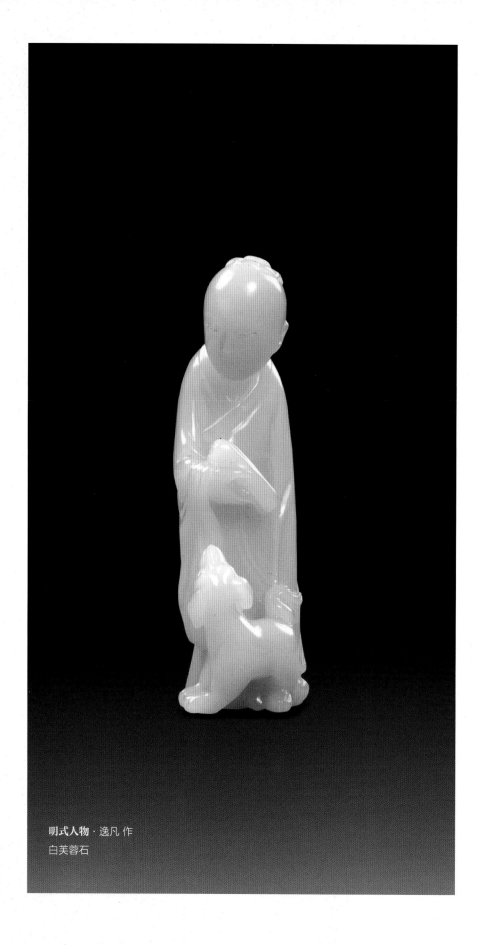

明式人物·逸凡 作
白芙蓉石

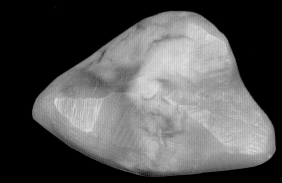

黄芙蓉原石

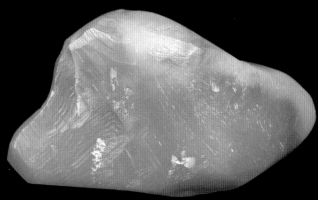

黄芙蓉石:

　　指纯黄色芙蓉石，石中常有白色透出，少见纯净。黄色有桂花黄、枇杷黄、牙黄、蜜蜡黄、秋葵黄等，鲜艳妖媚。黄色纯且材大者极少见。

双狮把件 · 逸凡 作
黄芙蓉石

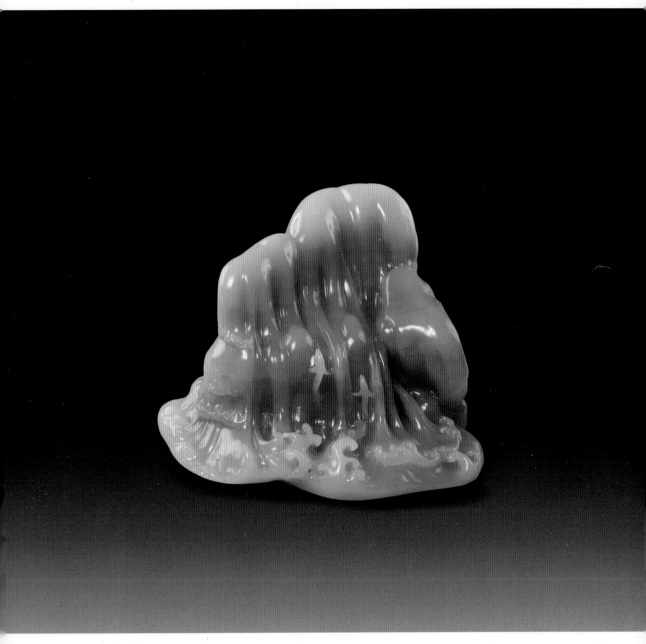

鲤鱼跃龙门·石瑞 作
黄白巧色芙蓉石

红芙蓉石：

指纯红色的芙蓉石，娇艳夺目，光彩焕发，肌理含水痕及黄色筋络，有蜡烛红、桃花红等。

蜡烛红芙蓉石色艳红、质细润，如蜡初熔，光泽焕发，十分娇艳，甚为稀罕。

犀牛望月钮方章·陈为新 作
蜡烛红芙蓉石

桃花红芙蓉石:

白色石中泛红斑点，艳如桃花初开，春光夺目。

灵芝把件 · 逸凡 作
桃花红芙蓉石

弥勒 · 许永祥 作
桃花红芙蓉石

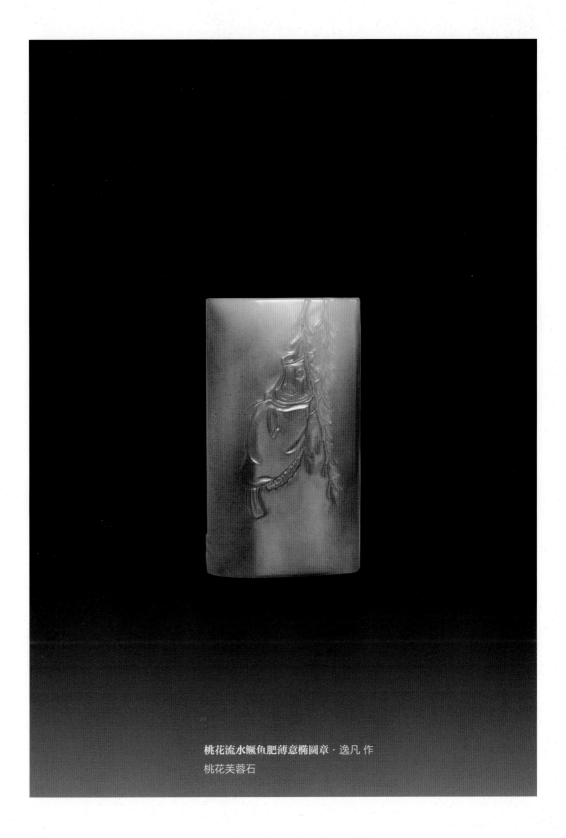

桃花流水鳜鱼肥薄意椭圆章·逸凡 作
桃花芙蓉石

君子在野 · 逸凡 作

新性红芙蓉石

新性芙蓉石质地较老性的松，容易干，即使打蜡还会变干，且红色多不通透。

伏狮罗汉 · 石涛 作

老性红白芙蓉石

鞍马钮扁章·逸凡 作
朱砂红芙蓉石

朱砂红芙蓉石：

质地微通透，石中布满朱色斑点，层层叠加，饶有意趣。

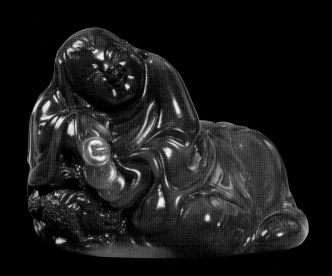

刘海戏蟾 · 佚名 作
红芙蓉石

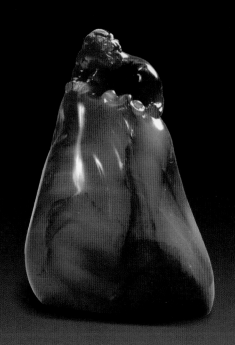

螭虎钮 · 逸凡 作
老性红芙蓉石

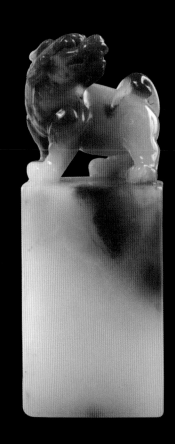

角端钮方章 · 逸凡 作
红花芙蓉石

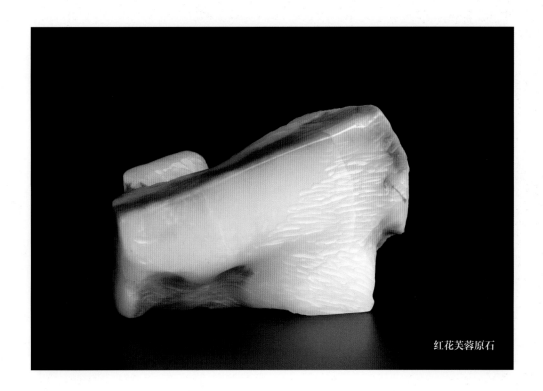

红花芙蓉原石

红花芙蓉石：

在白色芙蓉石中，质地通灵、肌理含牡丹红斑点者，或如朵朵鲜花沉浮其间、浓淡相映、疏密有致者，或像红花散落雪中、十分别致者，均称"红花芙蓉石"。其中石质极为通灵者称之"红花冻芙蓉石"，极为罕见，堪称神品。

醉芙蓉原石

醉芙蓉石：

芙蓉石中有淡粉红或肉红者，称"醉芙蓉"，如贵妃醉酒，白里透红，春光溢射，娇艳夺目，是极为稀少名贵的品种。

竹头青芙蓉原石

竹头青石：

产于月洋竹头窠，石质细嫩，介于绿箬通芙蓉石与半粗芙蓉石之间，唯洁净不及。色淡青，或带淡黄、或带白，细者则色淡青似翠竹皮，肌理偶有竹纹。石质不纯者多含砂砾，人称"竹头粗"。

青芙蓉石：

即青色的芙蓉石。其色犹如鸭蛋壳，细心观察时有极细之黑点隐于肌理，佳品者类似浙江青田的封门青石，然质地比封门青石更凝结脂润。

独角兽钮扇形章 · 姚仲达 作
青芙蓉石

坐禅·石痴 作
青芙蓉石

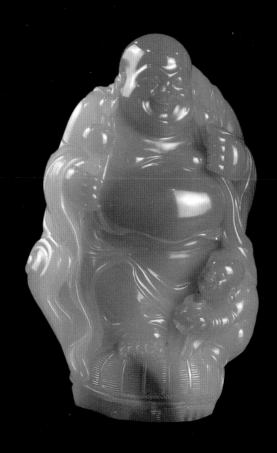

青黄芙蓉石

青黄芙蓉石:

即同时带有青色和黄色的芙蓉石。其灵度一般较好，蜡质感强。

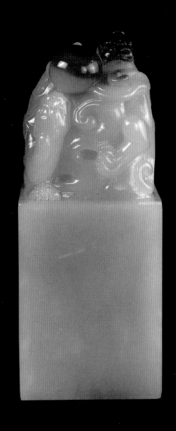

古兽章

青黄芙蓉石

绿箬通石章

绿箬通石：

石质细腻微透明，色青中带黄或青中带绿，似新篁出枝，常有色斑或筋络，幼嫩可爱。质地与色泽纯者难求。因量少，很受藏家亲睐。

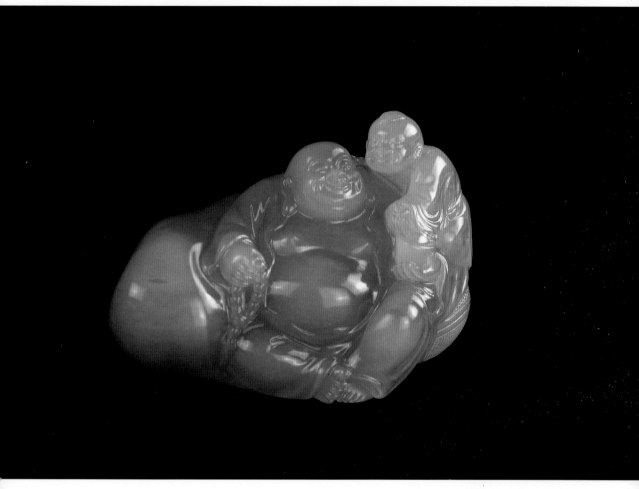

童子戏弥 · 刘丹明（石丹）作
绿箬通石

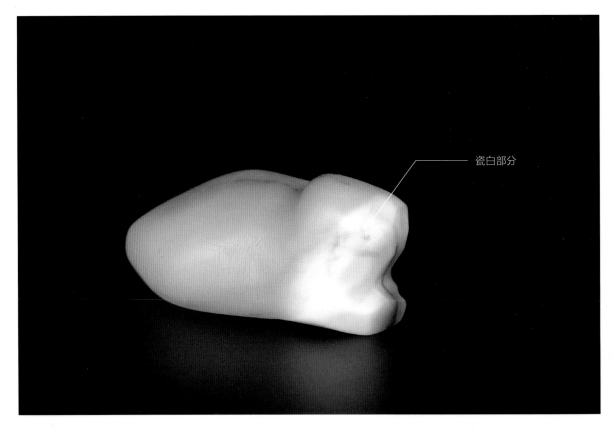

瓷白部分

瓷白芙蓉原石

瓷白芙蓉石：

瓷白芙蓉石，又称陶白芙蓉石，不通透，没灵度，以其色泽如陶瓷白一样而得名。瓷白芙蓉石夹在矿脉的围岩中，质地松软，产于将军洞矿脉。将军洞是井式矿洞，早年开采时若遇到瓷白芙蓉石层，容易因开掘的震动而引起塌方，十分危险，石农便会放弃开采，所以瓷白芙蓉石大都是将军洞老矿遗留下来的。现在开采设备先进，采用挖掘机露天开采，瓷白芙蓉石就时有出产。

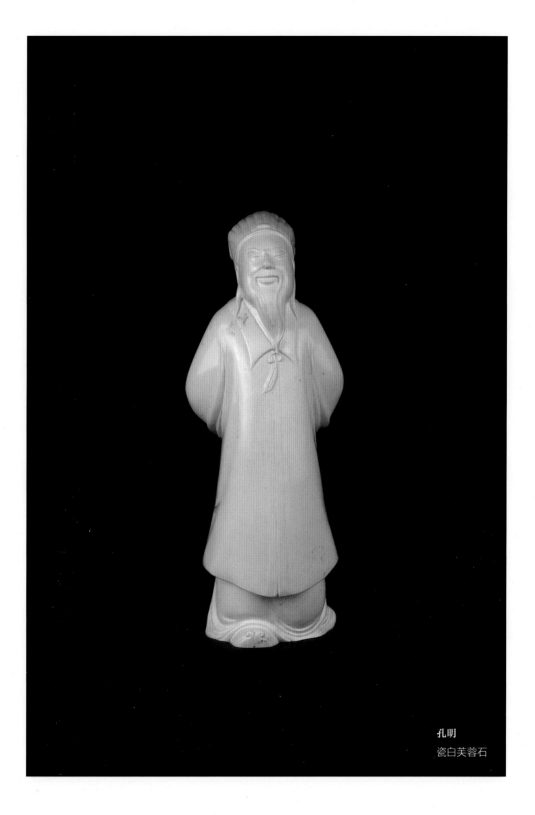

孔明

瓷白芙蓉石

白衣大士·丁梅卿 作
瓷白芙蓉石

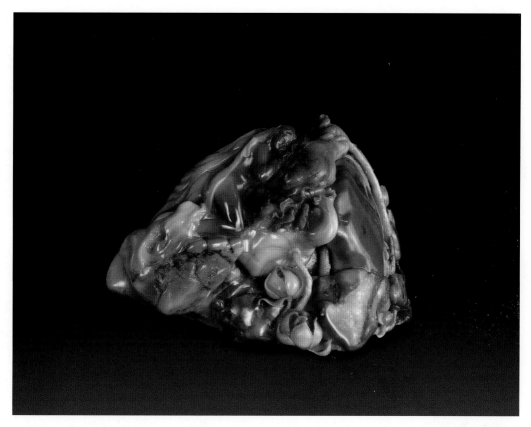

莲香入梦 · 林飞 作
五彩芙蓉石

五彩芙蓉石：

　　芙蓉石中相间有红、黄、白、青、黑诸色者称为五彩芙蓉。有人说：寿山石中唯有五彩芙蓉石青、白、赤、黑、黄五色俱全，青如翠竹、白如载脂、赤如鸡冠、黑如纯漆、黄如蒸粟。这五种颜色恰好代表东、西、南、北、中，与古人信奉的青龙、白虎、朱雀、玄武"四神"以及"中"相合（中为黄色）。石中如兼有灰、紫者称"七彩芙蓉石"，更为稀罕。

丝绸之路 · 佚名 作
五彩芙蓉石

文玩·石瑞 作

五彩芙蓉石

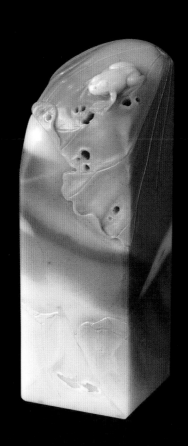

荷塘蛙声·叶子 作
五彩芙蓉石

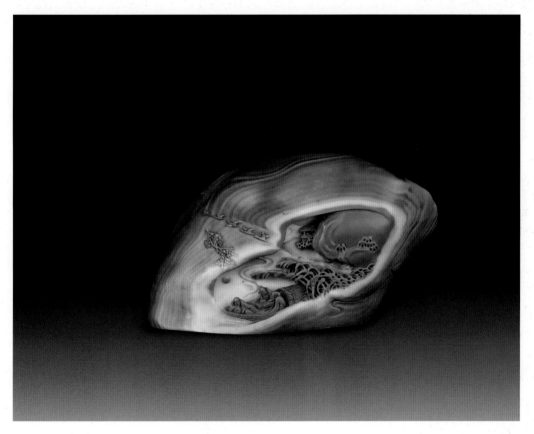

月夜游舟 · 林大榕 作
山秀园石

山秀园石与五彩芙蓉石：

山秀园石一般由红、黑、白三色组成，且层次分明。此石红、黑、白、紫、黄皆备，且纹路变化无穷，令人赞叹。与五彩芙蓉石相比，山秀园石的颜色较刻板，色层很分明，但不通灵，而五彩芙蓉石的颜色之间互相交融，且通灵、蜡质感强，韵味更浓。

瑞兽钮方章·陈为新 作　　　　　　　　　　灰芙蓉原石
灰芙蓉石

灰芙蓉石：

即灰色的芙蓉石。其色泽沉稳，灰里透淡白，似煮熟之马蹄糕。古人称其质细嫩如新上市之梨。

半粗石素章

半粗石:

产于半山之邻，各洞所出之粗劣石，统称"半粗石"。石色带青，微有青点或晶状透明点，质比半山芙蓉石略硬粗，打磨后摩挲石面亦可感觉粗粒栗起。

旭日东升 · 石瑞 作
巧色芙蓉石

新芙蓉石：

上世纪 80 年代后出产的芙蓉石称"新芙蓉石"。新芙蓉石色彩丰富，与旧芙蓉石石色较单一相比，堪称前所未有。一石之中有多色相间且色界分明的，人称"巧色芙蓉石"。

伏狮罗汉 · 石痴 作
巧色芙蓉石

寿星 · 黄景春 作
巧色芙蓉石

双罗汉·许永祥 作
新性巧色芙蓉石

新芙蓉石与新性芙蓉石：

新芙蓉石指的是上世纪 80 年代后出产的芙蓉石，其色彩丰富，常带有结晶性。

新性芙蓉石指的是新芙蓉石中"浅性"的芙蓉石，即石性较松，在北方尤其容易干燥，且色泽会变得暗淡。

先知·逸凡作
桃花芙蓉晶石

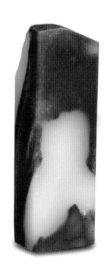

芙蓉晶石：

新芙蓉石中质地莹澈，通灵结晶，色或白、或黄、或青，纯洁无暇者，称芙蓉晶石。因夹生于砂岩中，取之艰难。其周围的砂岩愈坚，晶性愈佳，可惜材多较小，殊为憾事。芙蓉晶石乍看其色和透明度与高山石、善伯石相似，仔细对比其质地润滑，蜡质感强，细心观察即可辨识。

芙蓉晶石素章

醉入童真 · 刘丹明（石丹）作
芙蓉晶石

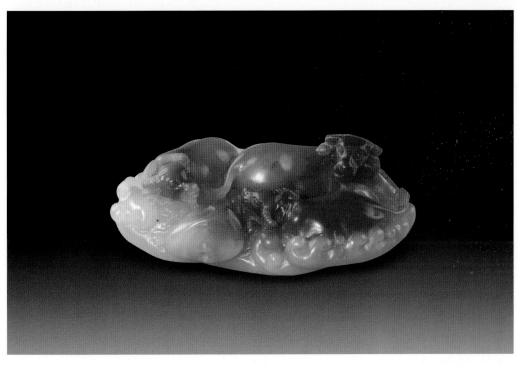

三牛戏水 · 逸凡 作
芙蓉晶石

溪蛋原石

溪蛋石：

在加良山的东南面，有一条十分明澈的月洋溪，从加良山麓的后桅村、罗汉村、大洋村、湖档村逶迤流过，接纳了加良山、九峰山、岭头山的涧水，水量充沛，两岸草木葱茏，景色秀丽。这条溪流的河床和两岸的砂石中零星散落或埋藏着一些卵状的黄色石，俗称"溪蛋石"。溪蛋石是前人在加良山上开采芙蓉石时，少数芙蓉石滚落溪涧长期经洪水冲刷而成。外表呈黄色部分极薄，肌理色度趋淡渐白，石中多数夹着黄白色砂团，块度一般都不大，极少带皮，肌理没有丝纹。石质十分细嫩，人们习惯称其质优者为"溪蛋田石"。

上世纪 90 年代末时，月洋溪曾被人承包发展旅游漂流项目，在开发整理溪流时，在加良山角地的深潭中，发现了许多溪蛋石，当时用挖掘机挖出来数量可观。可惜都被日商低价买去，据说是制作美容品的上等材料。现在月洋溪的下游桂湖村经房地产大开发，月洋溪两岸美丽的草木都没了，也很难再见到溪蛋石了。

第四节

芙蓉石的特征与鉴别

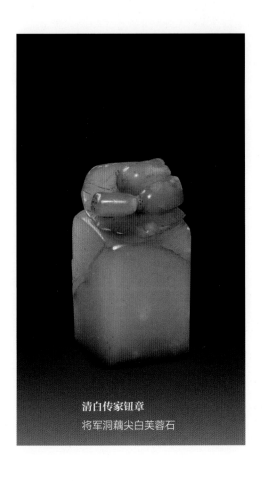

清白传家钮章
将军洞藕尖白芙蓉石

芙蓉石属典型纯叶腊型矿石，她天生丽质，雍容华贵，微透明，似玉非玉，娴雅珍贵，手感特佳。与其它坑石相比，芙蓉石的主要特征是凝结脂润、细腻纯净，前人形容其"如脂如膏如腴"，"拂之有痕"。芙蓉石品赏把玩最容易上"包浆"。寿山石长期在人的手上、脸上摩挲，石与皮肤的摩娑已让其增加了亮度，而人体的油脂与温度又使石质更加脂润通灵，火气褪尽，老到成熟，这种特殊的光亮谓之"包浆"。

在寿山矿区出产的石种中，坑头冻油石、白高山石、白水黄石、白奇降石、汶洋石等品种，也有部分矿石与芙蓉石有近似之处，但矿质不同，以刀试之则见较松，其温嫩度亦难与芙蓉相比，认真比较可以辨识。

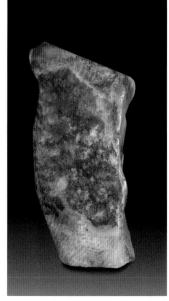

背面大面积的黑灰砂质

老性芙蓉原石

　　芙蓉石的另一特点是含砂多，名贵的芙蓉石夹在坚硬的围岩之中，肌理时有黄色、白色或灰黑色的块状砂团、砂线。这种砂团或砂线分布没有规律，在石中窜来窜去，一块看起来材很大的芙蓉石剔除砂质后，可能所剩无几，常常令艺人头疼的还有有的石材表面石质很好，雕刻到里层却可能会出现砂线砂团，所以块度大而纯洁的芙蓉石章和圆雕作品十分难得。通常含有黄砂的芙蓉石质地最好，含青色砂的，多为老性芙蓉石的结晶体。

"卧虎屎"

黄砂

老性芙蓉原石

新性芙蓉石白色部分则比较嫩，带黄味，而
老性的较结。此石有明显的"卧虎屎"特征。

　　老坑芙蓉石中还常有灰白色的斑点，石农称之"卧虎屎"。老一辈
石农说：早年随着世道的兴衰，芙蓉洞时开时废，人迹罕至，山中荒凉，
附近有老虎出没，由于芙蓉矿洞冬暖夏凉，自然成了老虎最好的窝所，
老虎在洞中拉屎撒尿，渗入芙蓉石的矿脉，变成了"卧虎屎"。当然这
只是个传说，却为芙蓉石增添了一份神秘感，"卧虎屎"也是辨别老坑
芙蓉石的特征之一。

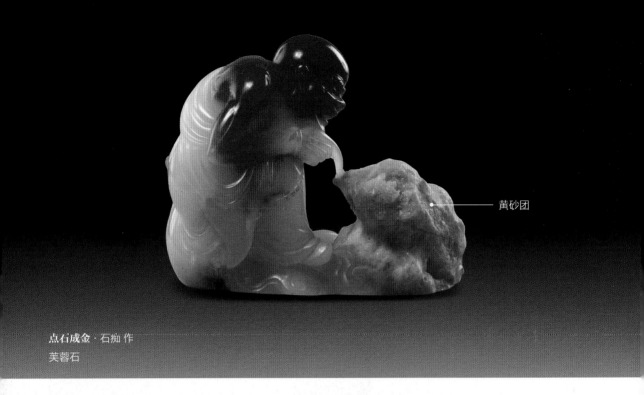

黄砂团

点石成金 · 石痴 作
芙蓉石

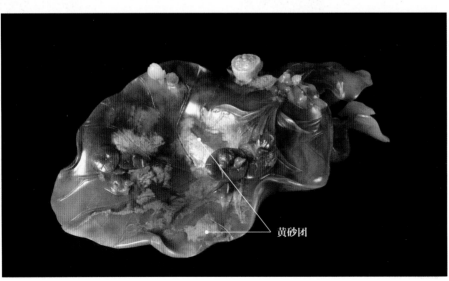

黄砂团

映日荷花 老性芙蓉石

　　在寿山石中带有黄砂团的石头一般石质很好，特别是芙蓉石与荔枝冻石。黄砂团旁的红、黄、白质地都特别晶莹纯洁。

汶洋石素章

　　近年出产的汶洋石与芙蓉石极为相似，但芙蓉石凝润，肌理结构紧密，刀感爽脆；汶洋石石性虽结，但软硬不一，是为细而不腻，用心分辨可以区分。

湖广石
以指甲刮其表面有划痕

市场上还有人以湖北省出产的"湖广石"冒充"芙蓉石"。这个十分容易辨别：芙蓉石质地凝结，而湖广石质极松软，以指甲用力划刮，即有石粉脱落，两者泾渭分明。湖广石中老坑者，色白，质稍坚，指甲划不入，但光泽度差，且石质还是比芙蓉石松，特别是以刀试之更易辨别。

第五节

名人评价芙蓉石

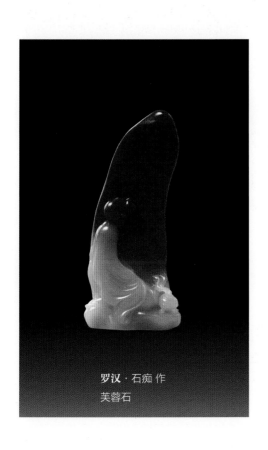

罗汉·石痴 作
芙蓉石

民国时福州名人张宗果（名俊勋，字幼册）在《寿山石考》中评芙蓉石"如西子不施脂粉，而意态淑真尤动人"，又说"芙蓉大类拒霜花诗人之美，芙蓉曰初日，曰初晓，以其可爱动人不止天然去雕饰，映日倍衬其白，初晓犹明皎足辨。半山之佳者欲白仍红，疑是斜阳柳絮"。

著名金石书画家陈子奋先生在《寿山印石小志》中赞："黄芙蓉则淡黄与朱黄，通灵明媚处，大有桔柚玲珑映夕阳之韵致。红芙蓉则红块片片，浓若牡丹，娇艳夺目。琉璃满地，玛瑙推盘，不能过之。芙蓉石之质与色，直可与田黄冻石雄峙寿山。古人重其雅洁，凝以羊脂。"

著名书画家龚纶（字礼逸）在其所著的《寿山石谱》中称："芙蓉石温润凝腻，山坑之石无其比，名曰芙蓉，岂以类初晓之木芙蓉花耶。"

著名金石书画家潘主兰先生一生创作的寿山石诗作很多，他92岁时赋诗吟芙蓉石道："玉腕冰肌比石头，踌躇总觉不相侔，藕尖白有芙蓉冻，丽质当推第一流。"

香港一位收藏家说："芙蓉石其赤者，浓若牡丹，娇艳奇目；其橙者，通灵明媚，类桔柚映日；其黄者，明朗神采，金光璨烂；其绿者，清翠如滴，柳枝吐芽；其青者，新篁出枝郁郁葱葱；其蓝者，如万里晴空；其紫者，紫气东来，富贵人家也。"

篆刻家韩天衡先生对芙蓉石的评价也很高，他写道："芙蓉石，亦偶称'白寿山'，采自福州寿山村的月洋加良山。它宁静而不张扬取宠，圣洁而不孤傲妖冶，我视其为众多印石中之逸品。古来将它与田黄、艾叶绿并誉为'印石三宝'是实至名归的。芙蓉石是印品中老资格的品牌，在明代即已开采。彼时为井式矿洞，架木携燧，促狭而深邃，自上而下，凿采艰险，且顽岩伴生，采挖不易，量亦稀少。今日我们艳称的'将军洞'芙蓉，即是用这般落后而艰辛的劳作所得。如今机械化操作代替手工，化难为易，矿洞大小约有三十余处，颇见繁荣，产量尚丰。"

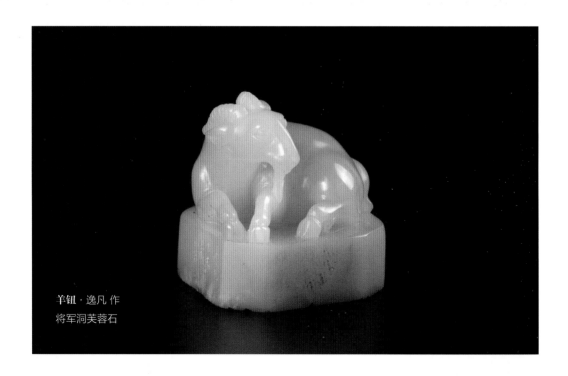

羊钮·逸凡 作
将军洞芙蓉石

山子笔架 · 石瑞 作
芙蓉石
此石的原石剔除了石中的砂质、杂质后，余下的石头显得奇形怪状。如何依形创作，很是考验雕刻师的刻工水平。

所谓"贵则荆山之璞，蓝田之种，清则梁园之雪，雁荡之云，温柔则飞燕之肤玉环之体"，是雅致的古文人对芙蓉石中肯而全面的品评。由于芙蓉石多与坚硬的岩砂伴生，一石上手，减而除之，往往十去其七，故少大料。芙蓉石虽然色有艳素，品有文野，型有大小，质有润燥，出有先后，然从镌刻的角度去观察，却一样地刚柔相宜，适刀达意，不粘不鲠，不涩不隔，天生是篆刻的良材。若是任意地取一钮芙蓉石刻印，奏刀之际，刀落石开，皆具音乐的爽利节奏，满是驾驭良驹的快感，给人以心手双畅、得心应手的创作愉悦，佳石助兴，意惬心恬，艺心激越，故所作多有事半功倍之效。我想，古今刻家对于印石品性的感知当是相同的，至少是接近的。难怪在康熙之世，杰出的石雕家大都乐于取如脂如膏如腴的芙蓉石来施艺，若周彬、杨玉璇、魏汝奋等。

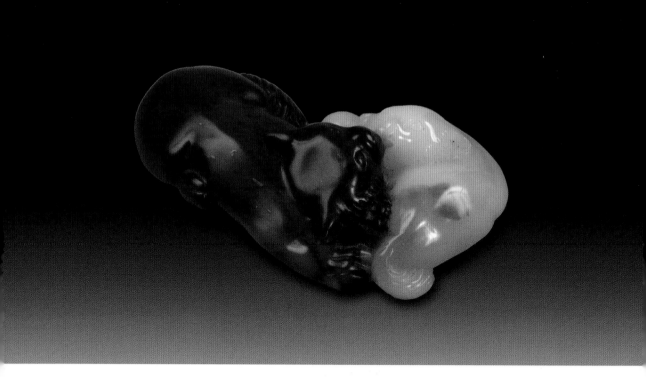

黑猫白猫·逸凡 作
黑白巧色芙蓉石

  人见人爱的芙蓉石，可谓石脉不断，源远流长。在二十世纪末叶，加良山又慷慨地向我们奉献出了可人的石品，给了我们新的惊喜。这类新出的芙蓉石，赤、橙、黄、绿、青、黑、白、紫皆备，或一色为主，或多彩交融，色彩斑斓，变幻莫测，并偶有结晶性的奇品，如红白双色芙蓉晶、桃红晶、黑白巧色芙蓉冻、五彩芙蓉等等，皆为古来所未曾见、未曾有。如果说，传统审美意义上的芙蓉石，以冰清玉洁的纯白为贵，而今则以绚烂俏丽的华贵为上。谚曰"黄金易得，佳石难求"，这听来有些夸张的词语，如今似乎已挤掉了其中的水分，成为事实。这堪称"小不点"的芙蓉奇品，其价值近十年内竟增值百倍，若以"文革"前之值相较，则何止千倍之数。吾自髫年即好石，寿山印石为我玩赏之大宗，而于寿山诸品中又尤爱芙蓉。但神奇高妙的芙蓉石岂是庸常如我者所能网罗其万一的？天地之大，愈爱愈馋，愈收愈缺，求百得一，感慨系之。"佳石非我有，每不敢直视，恐相思也。"这点心绪，想必好石的同道都会有的吧。

第六节

芙蓉石的轶事与保养

轶事一："卖皮不卖骨"

清初，寿山村"日役千夫"采掘寿山石，而与之只有一峰之隔的月洋村却冷冷清清，村民还靠耕种薄田糊口。此时，长乐县的风水先生李哥化认定月洋山中寿山石的贮藏量很大，是用之不竭的财富，遂以贱价将月洋山买下。李虽富有，然而十个儿子皆不成器，李恐他们坐吃山空，立下"日后变卖家业，切记月洋山只可卖皮，切不可卖骨"的遗训。他去世仅一年，果然所有家产被变卖精光，唯独在卖月洋山的契约中按遗训写明"只卖山皮，骨归原主"的条款。不久，正当这十个孩子揭不开锅的时候，寿山石矿洞渐向月洋延伸，开采出洁白如玉的宝石，人们称之为"芙蓉石"，十分名贵。此后，李氏子孙就凭契约中的一句话，坐享矿山红利。此后"卖皮不卖骨"的故事就在加良山传开了。

轶事二：芙蓉石章与"祺祥政变"

　　康熙、雍正、乾隆各朝，喜爱寿山石之风日盛，选石也更加讲究。从乾隆帝祭天时将田黄石作为贡品后，田黄石有了"石王"的美称。有"王"就有"后"，雍容华贵的芙蓉石被册封为"石后"，得到清朝皇族的宠爱。康熙帝御宝"御赐朗岭阁"即为白芙蓉石所制；雍正帝用的"壶中元"、"和硕雍亲王宝"、"膺天庆"等印玺皆为芙蓉石章；乾隆皇帝一生所用的寿山石印章更多，竟达百余枚，其中有不少是芙蓉石章。

　　慈禧太后对寿山石也喜爱有加。清咸丰十一年，咸丰皇帝临终时立下诏书：立皇太子载淳为太子，派载垣、端华、肃顺等八人为顾命大臣，赞襄政务，并规定他御用的"御赏"田黄石印章与"同道堂"芙蓉石印章，作为他"殡天"之后下达诏谕的凭信，"御赏"章作为"印起"，"同道堂"章作为"印讫"，必须同时加盖方为有效。皇帝将"御赏"章赐太子载淳，"同道堂"章交由皇太后保管。载淳于同年七月登基，改年号为"祺祥"，可是只过了三个月，西太后慈禧便发动了政变，或杀或贬了几位顾命大臣，将政权连同两枚印章都掌握到自己手中，改年号为"同治"，实行垂帘听政。这个历史上有名的"祺祥政变"的故事，说明了寿山石不仅贵为御用，而且被视为代表最高权力的印记，参与了一段重大的历史事件。

轶事三：清卿之《荷塘清趣》

月洋"天峰洞"洞主的后人，拿出一块将军洞藕尖白芙蓉石求林清卿大师雕刻荷花薄意。清卿见该石冰清玉洁，世间罕见，不禁连声赞美，说是依石形状刻一尊观音最适合。来人见说，哽咽道出了一段衷情。

当年某将军霸占"天峰洞"，还要加害他的祖上，迫使其逃往外地。从此，天峰洞被改名为"将军洞"。他的祖上最喜爱荷花，临终时只留下这块芙蓉石，并交待日后祭日时一定要供上荷花与这块芙蓉石。可是祭祖时不是荷花季节，每年都只能以荷叶代替，总是一种遗憾。所以他想请清卿大师将这块芙蓉石刻成荷花薄意，两全其美，祖上有灵，一定会更加欣慰。

林清卿被这个故事与来人的诚意所感动，精心刻就《荷塘清趣》薄意。当这位后人欣喜地双手捧着这件工料双绝的佳作时，林清卿分毫工钱都不要，心中更多的是满足与快慰。

祖孙情·刘丹明（石丹）作
芙蓉石

芙蓉石的保养

　　老性芙蓉石的蜡质较强，作品完成时艺人往往已经上蜡揩光，玩家只需以细布揩擦就会十分脂润，不必上油保养。因油浸久则色如汗渍，损其美容。洁白细腻的芙蓉石，如"藕尖白"等，不仅不能上油，也不宜过分抚摸，讲究的行家品玩时要戴上薄薄的白色手套。对于格纹较多的新性芙蓉石，有人上少许油保养。现在市场上部分劣工芙蓉石作品雕刻后不讲究磨光，以油做"师傅"来代替磨光；另外有些商贾对磨光不到位的作品，亦是上油图方便，使作品有光泽只要能推销出去就好。这些做法，不但使上手的芙蓉石作品油兮兮的让人生厌，而且长久浸于油中还会毁了芙蓉石。真正对芙蓉石的保养还是要注重古法为宜。

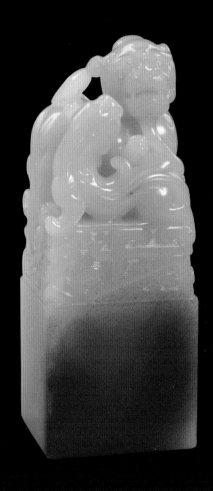

双螭钮方章
芙蓉石

虎溪三嘯·林元康 作
芙蓉石

第八节

峨眉石

峨眉石矿位于加良山的东面，为露天矿，主要是开采工业耐火材料用石时从中选择质地较细、砂质较少的峨眉石用于雕刻，石性稍坚，红、白、灰、绿、黄各色相间，有红筋纹，适宜雕刻大群马与普通印章等。1988 年，峨眉石矿曾采出一批佳石，质凝洁，性微脆，色有绿带桃红、黄带嫩绿等，白之佳者极似白芙蓉石。

峨眉村俯瞰

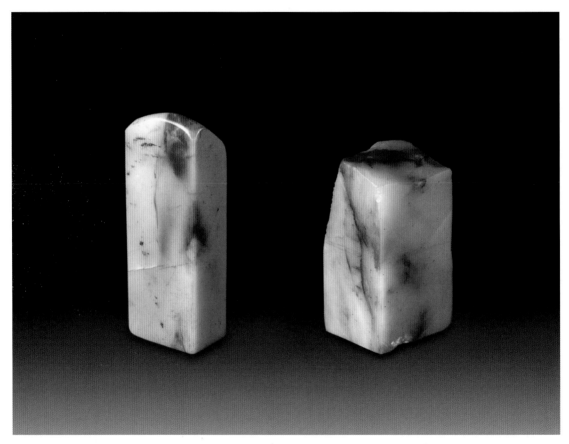

优质峨眉石素章

峨眉石中质优者亦蜡质感强，质地凝结，接近芙蓉石。

马·旧工
峨眉石

龙凤对章

峨眉石